奇妙的世界 生物制造

新叶的神奇之旅 V

中国生物技术发展中心　**编著**

科学顾问　谭天伟

科学普及出版社

· 北 京 ·

人物介绍

Ⅰ型　　Ⅱ型

Ⅲ型

小可

学　名: 胶原蛋白

分　布: 共有29种类型, Ⅰ型主要分布在皮肤、骨骼、肌腱、韧带、血管壁和牙齿等, Ⅱ型主要分布在软骨、玻璃体、肌腱软骨区、椎间盘等, Ⅲ型主要分布在皮肤、肺、肝、肠和血管等。

简　介: 细胞外基质中最重要的组成部分, 富含人体需要的甘氨酸、脯氨酸、羟脯氨酸等氨基酸, 在生物医用材料、化妆品、食品工业等领域有广泛的应用。

成成

学　名: 成纤维细胞

简　介: 真皮组织中最主要的细胞类型, 作用是分泌胶原蛋白、弹性蛋白, 从而形成胶原纤维和弹力纤维。成纤维细胞的减少, 是肌肤老化、皱纹形成的根源。

骨绵绵

学　名：软骨细胞

分　布：关节连接处

功　能：保护关节，减少骨间的摩擦和冲击。

小肉松

学　名：肉毒素，又称肉毒杆菌内毒素

简　介：一种神经毒素，通过抑制神经末梢释放乙酰胆碱，防止肌肉过度收缩。在医学和美容领域有广泛的应用，能够缓解痉挛、除皱祛疤。

稀皂

学　名: 稀有人参皂苷
特　点: 有一个糖基, 具有
　　　　较强的抗肿瘤、抗
　　　　炎、抗衰老等药理
　　　　活性。

小黑

学　名: 黑色素细胞
分　布: 皮肤表层
简　介: 产生黑色素, 使皮肤
　　　　暗沉, 黑色素堆积会
　　　　导致产生色斑和色素
　　　　性皮肤病等。

羊奇

学　名: 超氧化物歧化酶
简　介: 生物体内存在的一种抗氧化金属酶，能够催化超氧阴离子自由基歧化生成氧和过氧化氢。

羊二

学　名: 超氧阴离子
简　介: 阴离子自由基，性质活泼，具有很强的氧化性和还原性，过量生成可致组织损伤，在人体内主要通过超氧化物歧化酶清除。

皂皂

学 名：人参皂苷

特 点：有四个糖基，属于三萜类糖苷化合物，是人参的重要活性成分。

小苷

学 名：糖苷水解酶，简称糖苷酶

简 介：是一类水解糖苷键的酶，用于各种含糖化合物中糖苷键的内切或外切。

小糖糖

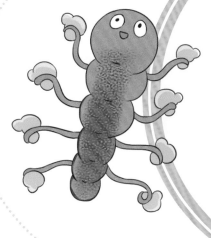

学　名：透明质酸
分　布：广泛分布于人体各个部位
简　介：是人体细胞间质、眼玻璃
　　　　体、关节滑液等结缔组
　　　　织的主要成分，在体内
　　　　发挥保水、调节渗透压、
　　　　润滑、促进细胞修复等
　　　　作用。

目 录

 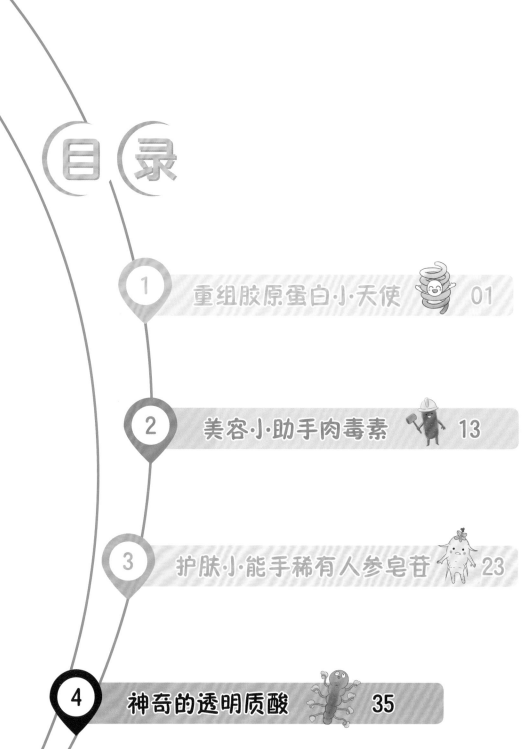

1. 重组 胶原蛋白小天使

文／范代娣　朱晨辉　李　阳

图／赵义文　纪小红

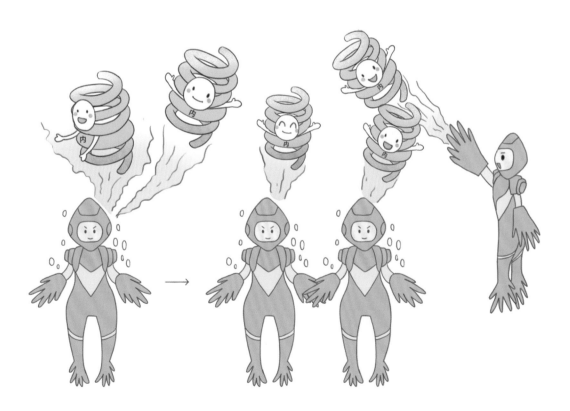

新叶的妈妈看到镜中的自己皮肤松弛，有些焦虑。为了帮妈妈解决困扰、了解皮肤衰老的原因，谭爷爷带着新叶进入皮肤城墙，看到一个成纤维细胞在叹息。

新　叶：成纤维细胞叔叔，您怎么看起来很不高兴啊？

成　成：我们年龄大了，不能分泌足够的胶原蛋白维持皮肤的弹性了，所以让皮肤看起来皱皱巴巴的。

谭爷爷：新叶，皮肤内的胶原蛋白含量降低，会导致胶原纤维减少、老化，进而使皮肤弹性下降缺乏支撑，皱纹也因此而出现。

新　叶：那我们有什么办法能帮助皮肤维持年轻状态呢？

谭爷爷：当然有了，可以补充重组胶原蛋白，现已发现的胶原蛋白有29种类型。

《 新叶词典 》

重组胶原蛋白：指利用基因工程技术编辑人的胶原蛋白基因，并将之重组于大肠埃希氏菌、酵母菌、枯草芽孢杆菌等宿主细胞内，并通过发酵生产的、具有与人胶原蛋白相似生物学功效及物化性能的蛋白质。

小可
（Ⅰ型胶原蛋白）

成成
（成纤维细胞）

新　叶：那我们要补充哪种类型呢？

谭爷爷：主要是Ⅰ型和Ⅲ型胶原蛋白，因为皮肤里的胶原蛋白主要是Ⅰ型和Ⅲ型，Ⅰ型含量最高，占皮肤中总胶原蛋白含量的80%~90%，Ⅲ型含量较少。Ⅰ型和Ⅲ型胶原蛋白都可以被用来延缓衰老！

冻龄天使

在谭爷爷的建议下，新叶妈妈开始敷重组胶原蛋白面膜，慢慢地，皮肤变得越来越紧致，好像更年轻了。新叶很好奇重组胶原蛋白是怎么发挥作用的，于是谭爷爷又带着新叶来到了皮肤城墙里。

新　叶：谭爷爷，皮肤城墙里有好多水分啊。

谭爷爷：这是Ⅰ型重组胶原蛋白的功劳！它可以锁住大量水分，提高肌肤内部的含水量，减少皮肤水分流失，达到保湿润肤的效果。

新　叶：成纤维细胞叔叔也变得很年轻，而且还多了好多呢。

谭爷爷：是的，Ⅰ型重组胶原蛋白渗入皮肤后，可以促进成纤维细胞的生
　　　　长并合成自身的胶原蛋白，使皱缩的皮肤得到恢复，粗大的毛孔
　　　　得以收缩，让皮肤看起来饱满且有弹性。你知道吗，Ⅰ型重组胶原
　　　　蛋白在皮肤修复中也有神奇的功效。

新　叶：那我们一起去看看吧！

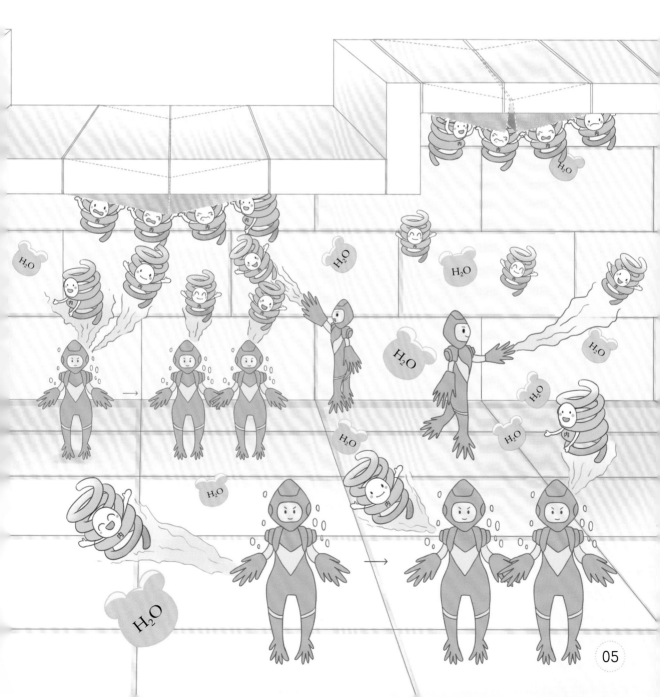

神奇的皮肤拉链

　　一所小学的操场上，同学们正在开运动会。突然，一个小女孩在跑步时摔倒了，胳膊擦伤并流了好多血。谭爷爷和新叶正巧赶到这里，于是把重组胶原蛋白敷料拿了出来。

> 用这个可以立即实现止血并且不留疤！

> 会不会留疤呀？

重组胶原蛋白

新　叶：谭爷爷，Ⅰ型重组胶原蛋白可以帮她止血吗？

谭爷爷：新叶，你说对啦！Ⅰ型重组胶原蛋白不仅能通过与血小板受体蛋白结合起到止血作用，还能像神奇的皮肤拉链一般使创面快速愈合，并且不留疤呢。

新　叶：哇，那她也不用担心会留疤，皮肤可以恢复如初啦！

谭爷爷：新叶，我带你去看看软骨里的胶原蛋白吧！

新　叶：好啊！我迫不及待地想去啦！

骨修复的秘密武器

谭爷爷又带新叶来到一位关节软骨损伤患者的膝盖处，看到了好多和 Ⅰ 型重组胶原蛋白长得很像的小天使们在努力地促进软骨细胞增殖。

我们磨损严重，已经不能正常工作了！

骨绵绵你们怎么了？

骨绵绵（软骨细胞）

新　叶：谭爷爷，软骨里的胶原蛋白怎么跟 Ⅰ 型的不一样呢？

谭爷爷：因为它是 Ⅱ 型胶原蛋白，主要由软骨细胞产生，多存在于关节、肌腱等组织中。在骨缺损位置填充 Ⅱ 型重组胶原蛋白材料，能够促进软骨细胞增殖，并合成胶原蛋白、糖胺聚糖等成分，使患者不仅行动方便，同时也能美起来！

新　叶：重组胶原蛋白好厉害，不仅可以促进成纤维细胞增殖，还能促进软骨细胞增殖。

谭爷爷：新叶，你想知道重组胶原蛋白是怎么合成的吗？

新　叶：当然想啦，您快带我去看看吧！

为了让新叶了解重组胶原蛋白的合成，谭爷爷带着他来到大肠埃希氏菌的发酵罐里。在这里，他们可以看到重组胶原蛋白制备的全过程。

大肠埃希氏菌正在分泌重组胶原蛋白！

新　叶：谭爷爷，难道在发酵罐里，大肠埃希氏菌就能生产重组胶原蛋白吗？

谭爷爷：是的。但是在此之前，科学家需要先将人体中的胶原蛋白基因和质粒小环整合到一起，再把它转移到大肠埃希氏菌中，这样的大肠埃希氏菌就可以生产重组胶原蛋白了。

新　叶：这些胶原蛋白怎么看起来脏兮兮的呀？

分离柱

——丑丑（大肠埃希氏菌）

谭爷爷：因为这些重组胶原蛋白中含有很多杂质，是不能直接应用的，还需要分离纯化。

新　叶：那怎么进行分离纯化呢？

谭爷爷：你看，那个带正电荷的分离柱能够吸附重组胶原蛋白，然后用洗脱液把它们洗下来，这样就能获得纯度较高的重组胶原蛋白了。

不同类型的重组胶原蛋白具有不同的功效：Ⅰ型重组胶原蛋白主要用于促进皮肤组织修复，Ⅱ型重组胶原蛋白主要用于促进软骨修复，Ⅲ型重组胶原蛋白主要用于黏膜修复。我国科学家经过多年研发，规模化生产了不同类型的重组人胶原蛋白，并将其开发为系列产品。

2. 美容小助手肉毒素

文 / 范代娣　朱晨辉　李　阳

图 / 赵义文　胡晓露　朱航月

重返年轻的秘密

新叶和谭爷爷一起乘坐时光机，来到了未来世界。

新　叶：谭爷爷，为什么这个世界里的人看上去都这么年轻呀？他们脸上的皱纹都好少。

小肉松：那当然是我们的功劳啦！

谭爷爷：这里的人都使用了肉毒素预防衰老。肉毒素能够暂时性地阻断神经末稍释放乙酰胆碱，使乙酰胆碱无法与肌肉接受器结合，从而使肌肉无法收缩产生皱纹。你知道吗，肉毒素还能帮助治疗面部痉挛呢。

新　叶：是吗？那您带我去看看吧！

乙酰胆碱

神经末梢

乙酰胆碱，有我们在，你们休想跑出来与肌肉接受器结合。

肌肉接受器

小肉松（肉毒素）

《 新叶词典 》

乙酰胆碱：广泛存在于生命体神经组织中、位于神经肌肉接头的一种神经递质，能特异性地作用于各类胆碱受体，传导神经信号。

面部痉挛的克星

　　新叶跟随谭爷爷来到医院，看到医生正在为一位眼睑时而抽搐的阿姨注射肉毒素。

新　叶：这位阿姨的脸怎么了？

谭爷爷：她得了面部痉挛，经常一侧眼睑或是一侧面部发生不自主的抽搐。
　　　　别担心，肉毒素可以帮到她。

新　叶：也是因为肉毒素可以阻断神经突触释放神经递质，使肌肉松弛麻痹，从而缓解面部痉挛吗？

谭爷爷：是的，肉毒素是一种非常高效且持久的肌肉松弛剂。

小肉松：我们有一个家庭聚餐，可以邀请你们一起参加吗？

新　叶：好啊，我们一起去吧！

肉毒素大家庭聚会

谭爷爷和新叶来到肉毒素大家庭聚会现场。在这里，肉毒素大家庭的各位成员详细地介绍了自己。

> 我们俩具有改善皮肤、淡化皱纹等作用。

B 型

E 型

> 我们还没有受到重视，被应用得很少。

G 型

F 型

> 我们具有神经毒性，一般用于制作灭鼠剂。

D 型

C 型

肉毒素的生物制造

　　谭爷爷带新叶进入了肉毒素发酵罐，看到大肠埃希氏菌宝宝们正在努力地生产肉毒素。

　　谭爷爷：新叶，肉毒素最早是通过肉毒杆菌分泌的，但是这种制备方法安全性比较差。现在，我们可以用安全的方法来生产它。你看，将控制产生肉毒素的基因和质粒小环整合到一起，再把它转移到大肠埃希氏菌中，就能生产肉毒素了！

新　叶：那生产得到的肉毒素是不是也需要分离纯化呢？

谭爷爷：新叶真棒，学会联系思考啦！科学家需要对菌体进行收集并破碎，然后通过纯化才能得到我们所需要的肉毒素。

新　叶：哇，这个世界又可以增添很多美丽啦！

科普小讲堂

　　肉毒素最早是在 1817 年由一位德国医生杰斯丁尼斯·克尔纳（Justinus Kerner）发现的。在医学方面，肉毒素被用于治疗多种疾病，如痉挛性斜颈、面部痉挛、肌张力障碍等。在美容方面，肉毒素被用于祛除皱纹、修复瘢痕和改善面部线条等。

3. 护肤小能手 稀有人参皂苷

文／范代娣 朱晨辉 李 阳 申文凤

图／王 婷 胡晓露

很高兴认识你，稀有人参皂苷

周末，谭爷爷带新叶去参观药用植物园，新叶对五加科植物产生了兴趣。

五加科种植区

人参

稀皂
（稀有人参皂苷）

你好呀，稀有人参皂苷！

24

新　叶：谭爷爷，原来人参、西洋参和三七都属于五加科植物呀！

谭爷爷：是的，它们的根和茎可以入药，是常见的中药材。它们都含有活性成分——人参皂苷。

新　叶：人参皂苷有什么作用呢？

谭爷爷：其实，人参皂苷的活性并不高，真正发挥作用的是稀有人参皂苷。走，我带你去看看！

西洋参

三七

《 新叶词典 》

稀有人参皂苷：被誉为人参皂苷家族中的"贵族"，具有更强的药用、保健等价值。

稀有人参皂苷与皮肤健康

为了探究稀有人参皂苷对皮肤健康的作用，谭爷爷带着新叶进入了皮肤的表皮层和真皮层。

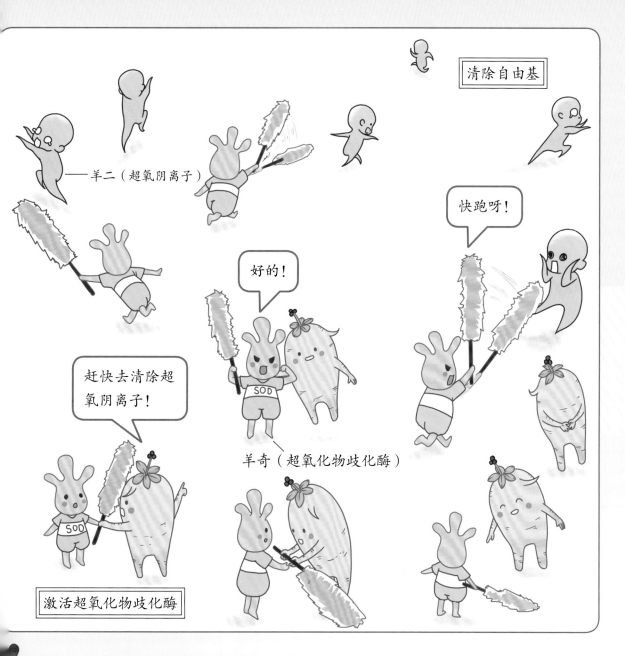

新　叶：谭爷爷，稀有人参皂苷主要有什么作用呀？

谭爷爷：它可以激活超氧化物歧化酶，清除体内的超氧阴离子，增强皮肤的抗氧化能力；它还能抑制黑色素细胞的增殖，从而减少黑色素的生成，达到美白的效果。此外，它还能调节人体免疫功能，具有抗肿瘤、抗炎的作用。

新　叶：哇，稀有人参皂苷好厉害呀，那我们怎么才能得到它呢？

谭爷爷：走，我们去稀有人参皂苷的制备车间看看吧！

稀有人参皂苷的传统制造

　　谭爷爷和新叶走进稀有人参皂苷的传统制备车间，车间里的温度较高，新叶热得满头大汗。

1. 人参原料粉碎

2. 提取

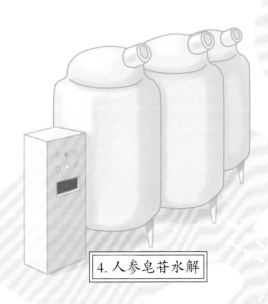

3. 浓缩

人参皂苷

4. 人参皂苷水解

5. 浓缩

谭爷爷：传统的稀有人参皂苷制备方法不仅产量低、耗时长，而且还有很多杂质。

新　叶：要获得大量的稀有人参皂苷岂不是很麻烦？

谭爷爷：是的，稀有人参皂苷是由低活性的普通人参皂苷转化而来的。而普通人参皂苷在人参中的含量就很低。

新　叶：那怎么才能安全高效地获取稀有人参皂苷呢？

谭爷爷：这就需要先进的生物制造技术来解决了。

稀有人参皂苷的酶法制造

　　谭爷爷带着新叶进入酶催化反应罐内部，新叶拾起掉落的一个糖基，好奇地观看。

——小苷（糖苷酶）

新　叶：谭爷爷，普通人参皂苷脱掉糖基就变成稀有人参皂苷了吗？

谭爷爷：新叶真聪明，普通人参皂苷和稀有人参皂苷的结构差异在于它们所连糖基个数和位置的不同。普通人参皂苷在不同糖苷酶的催化下可以转化成不同的稀有人参皂苷。

糖苷酶水解糖苷键

新　叶：谭爷爷，这里比传统制备车间要凉快些。

谭爷爷：是的，酶催化反应的条件温和、催化效率高，在很短的时间内就可以获得大量的稀有人参皂苷。

新　叶：这真是太好了！

稀有人参皂苷的体内合成

　　谭爷爷带着新叶进入酵母菌细胞工厂,去观察稀有人参皂苷的体内合成。

新　叶:谭爷爷,您看,它们好厉害!

谭爷爷:在科学家构建的酵母底盘细胞内,我们已经实现稀有人参皂苷的
　　　　体内合成了。

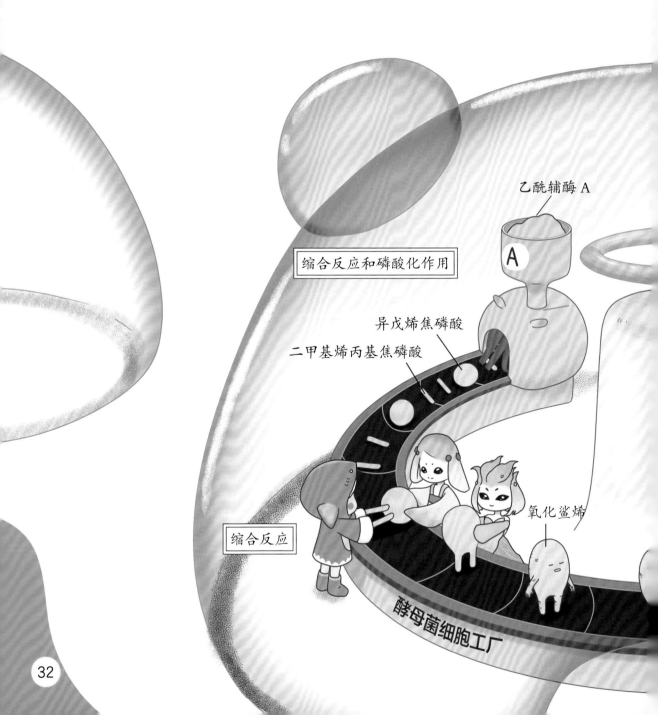

新　叶：那我们就不需要从人参中提取，然后再转化获得稀有人参皂苷啦？

谭爷爷：是的，新叶真聪明！稀有人参皂苷的体内合成不仅可以解决从人参中提取低产率和高成本的问题，生产线路也更加绿色环保，使用起来也会更加放心。

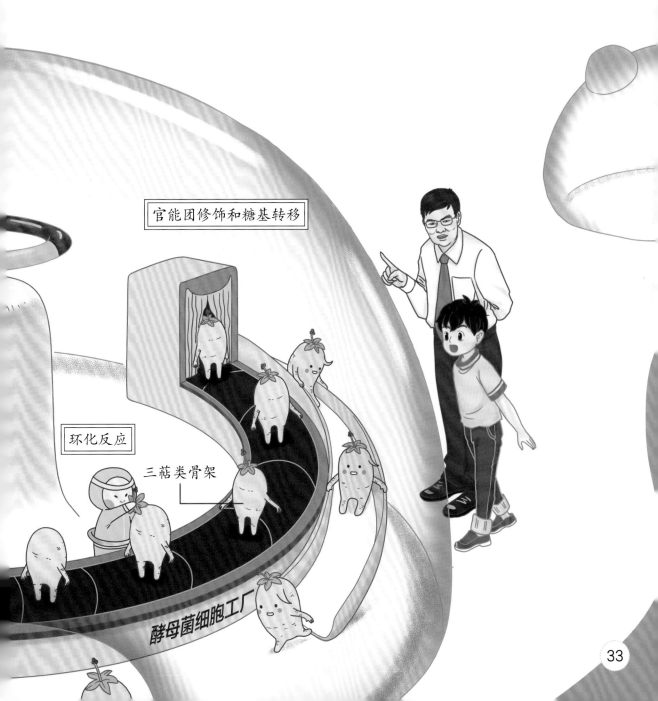

科普小讲堂

　　稀有人参皂苷是人参属植物生长过程中的次级代谢产物，因其在人参中的含量非常少而得名，可以通过酶法脱去糖苷键或合成生物学等方法制备得到。目前，科学家已获得多种高纯度稀有人参皂苷，如 Rk3、Rh4、Rk1、Rg5 及 CK 等，均实现了百千克级规模化生产。在美容护肤方面，稀有人参皂苷具有抗氧化、舒缓祛红、抗衰、美白、消炎、调节皮肤免疫微生态环境等功效。

4. 神奇的透明质酸

文 / 范代娣　朱晨辉　李　阳　申世红

图 / 王　婷　胡晓露

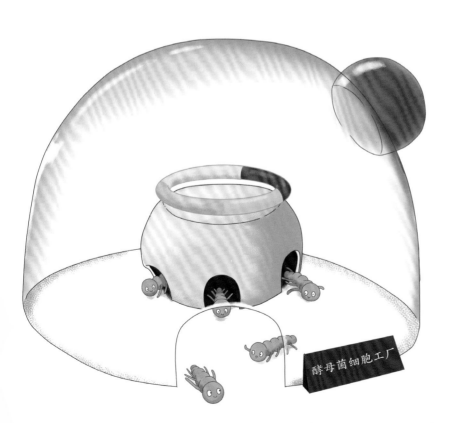

酵母菌细胞工厂

机体的"水卫士"——透明质酸

新叶看着妈妈在敷透明质酸面膜，心生好奇。于是，他找到谭爷爷想深入了解一下。谭爷爷就带着新叶来到了透明质酸面膜内。

新　叶：你好，我叫新叶，很高兴认识你们！

小糖糖：你好，新叶！我叫小糖糖，是一种天然高分子多糖——透明质酸。我们具有大量的羟基小手，可以和水分子绑定，是水分子的好朋友。我们原本就存在于机体内，是机体的"水卫士"！

谭爷爷：新叶，你看到了吗？面膜里面添加的透明质酸就是补水的关键成分。

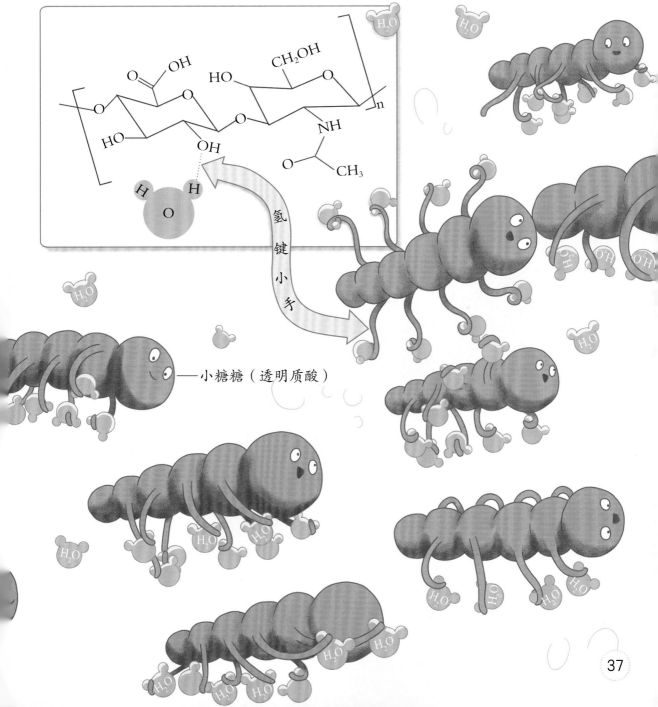

——小糖糖（透明质酸）

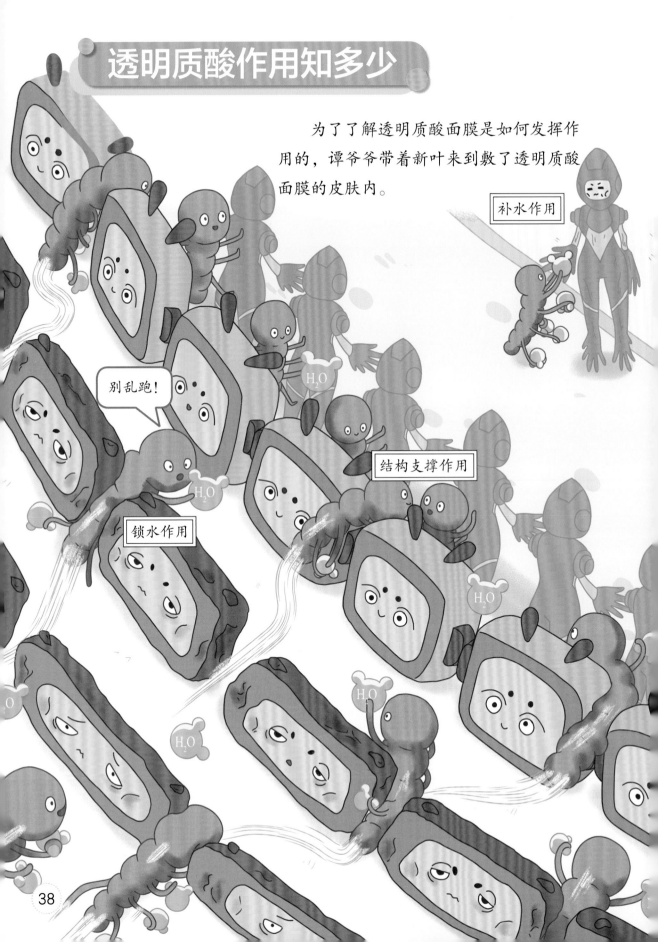

透明质酸作用知多少

为了了解透明质酸面膜是如何发挥作用的，谭爷爷带着新叶来到敷了透明质酸面膜的皮肤内。

补水作用

别乱跑！

锁水作用

结构支撑作用

38

新　叶：爷爷，透明质酸是如何在皮肤里发挥作用的呀？

谭爷爷：透明质酸能够固化流经皮肤的自由水，发挥"锁水作用"，使干燥的皮肤湿润有光泽；此外，它还可以作为细胞之间的填充物，发挥"结构支撑作用"，使皮肤饱满有弹性；同时，它还能作为其他细胞的食物，发挥"营养支持作用"，使皮肤健康有活力。

营养支持作用

新　叶：哇哦，原来透明质酸有这么多作用啊！

谭爷爷：是的！虽然随着年龄的增长，皮肤内透明质酸的代谢平衡被打破，开始入不敷出，但是外敷透明质酸面膜可以补充皮肤内流失的透明质酸，从而发挥作用。

干眼症的天敌

从透明质酸面膜里出来后，新叶跟着谭爷爷来到办公室。谭爷爷感觉眼睛干涩，就拿起眼药水，往眼睛里滴。

新　叶：爷爷，您为什么要滴眼药水啊？

谭爷爷：因为爷爷得了干眼症，眼睛干涩，容易疲劳，所以要用这个透明质酸制成的"人工泪液"帮助爷爷缓解症状。

成分表
========

透明质酸，牛磺酸，维生素 A、B、E 等。

《 新叶词典 》

干眼症：由泪液缺乏或泪液过度蒸发引起的泪膜疾病，会导致眼部出现不适、干燥、发痒、灼热、酸痛和砂砾感等症状。

新　　叶：原来透明质酸不仅能帮助皮肤恢复年轻状态，还能帮助眼睛补充水分。

谭爷爷：是的！它不仅能在角膜表面滞留较长时间，润滑眼表，使泪膜的黏度和厚度增加，还可以通过促进角膜上皮细胞的迁移、黏附和增殖，促进角膜上皮伤口的愈合。

新　　叶：透明质酸有这么多神奇的作用，它是如何被生产出来的？

谭爷爷：走！爷爷现在就带你去看看。

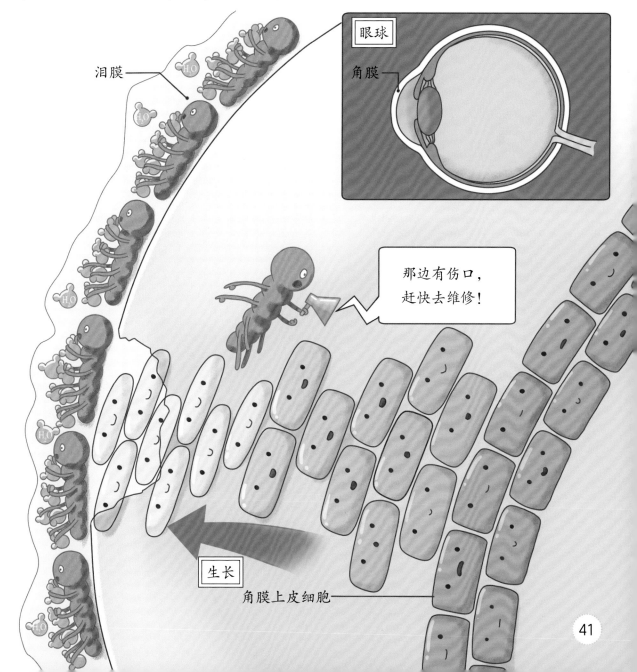

透明质酸的生物制造

谭爷爷和新叶来到酵母菌发酵罐里。

新　叶：谭爷爷，原来透明质酸也是通过发酵生产出来的呀！

谭爷爷：是的，除了酵母菌，枯草芽孢杆菌、链球菌等都可以用来生产透明质酸。

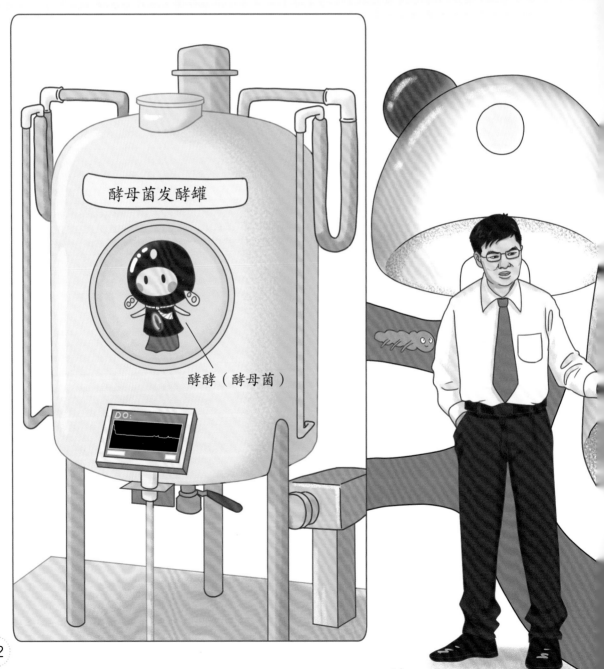

酵母菌发酵罐

酵酵（酵母菌）

新　叶：我看到酵母菌体内有质粒，难道它们也是经过基因改造的吗？

谭爷爷：是的，新叶真聪明！未经基因改造的酵母细胞没有生产透明质酸的能力，而当被植入透明质酸的"生产代码"后，酵母细胞就具备高效生产透明质酸的能力了。

生产代码

酵母菌细胞工厂

　　透明质酸，是一种黏性多糖，又名玻尿酸，是人体皮肤组织内的成分之一，具有保湿、锁水、润滑等功效。我国透明质酸研究的快速发展，为其产业化应用奠定了基础。